BEI GRIN MACHT SICH IHR WISSEN BEZAHLT

- Wir veröffentlichen Ihre Hausarbeit, Bachelor- und Masterarbeit

- Ihr eigenes eBook und Buch - weltweit in allen wichtigen Shops

- Verdienen Sie an jedem Verkauf

Jetzt bei www.GRIN.com hochladen und kostenlos publizieren

Dorothee Feuerhake

Rechtsschutz im Umweltrecht

Bibliografische Information der Deutschen Nationalbibliothek:

Die Deutsche Bibliothek verzeichnet diese Publikation in der Deutschen National-
bibliografie; detaillierte bibliografische Daten sind im Internet über http://dnb.d-
nb.de/ abrufbar.

Impressum:

Copyright © 2006 GRIN Verlag GmbH
Druck und Bindung: Books on Demand GmbH, Norderstedt Germany
ISBN: 978-3-640-18027-1

Dieses Buch bei GRIN:

http://www.grin.com/de/e-book/116073/rechtsschutz-im-umweltrecht

Seminararbeit im Umweltrecht

Sommersemester 2006

Rechtsschutz im Umweltrecht

Göttingen, den 26. Juni 2006

Eingereicht von:
Dorothee Feuerhake

Literaturverzeichnis

Hufen, Friedhelm	Verwaltungsprozessrecht, 6. Auflage, München 2005; zit. Hufen, Verwaltungsprozessrecht.
Ketteler, Gerd/ Kippels, Kurt	Umweltrecht, Eine Einführung in die Grundlagen unter besonderer Berücksichtigung des Wasser-, Immissionsschutz-, Abfall- und Naturschutzrechts, Köln 1988.
Kloepfer, Michael	Umweltrecht, 3. Auflage, München 2004; zit. Kloepfer, Umweltrecht.
Kotulla, Michael	Umweltrecht, Grundstrukturen und Fälle, 2. Auflage, Stuttgart/ München/ Hannover/ Berlin/ Weimar/ Dresden 2003.
Maurer, Hartmut	Allgemeines Verwaltungsrecht, 15. Auflage, München 2004; zit. Maurer, Allgemeines Verwaltungsrecht.
Oberrath, Jörg-Dieter/ Hahn, Oliver/ Schomerus, Thomas	Kompendium Umweltrecht, Ein Leitfaden für Studium und Praxis, 3. Auflage, Stuttgart/ München/ Hannover/ Berlin/ Weimar/ Dresden 2003.
Sanden, Joachim	Fälle und Lösungen zum Umweltrecht, Stuttgart/ München/ Hannover/ Berlin/ Weimar/ Dresden 2005.
Schmidt, Reiner/ Müller, Helmut	Einführung in das Umweltrecht, 6. Auflage, München 2001; zit. Schmidt/Müller, Umweltrecht.
Schulte, Hans	Umweltrecht, Vorlesung für Hörer aller Fakultäten, Heidelberg 1999; zit. Schulte, Umweltrecht.
Storm, Peter-Christoph	Umweltrecht, Einführung, 7. Auflage, Berlin 2002; zit. Storm, Umweltrecht.
Tilch, Horst/ Arloth, Frank (Hrsg.)	Deutsches Rechts-Lexikon, Band 3, Q-Z, 3. Auflage, München 2001; zit. Tilch/Arloth, Deutsches Rechts-Lexikon.
Wolf, Joachim	Umweltrecht, München 2005; zit. Wolf, Umweltrecht.

Rechtsquellenverzeichnis

Verwaltungsgerichtsordnung (VwGO)
Verwaltungsverfahrensgesetz (VwVfG)
Bürgerliches Gesetzbuch (BGB)
Niedersächsisches Ausführungsgesetz zur Verwaltungsgerichtsordnung (Nds. AG VwGO)
Gesetz über Naturschutz und Landschaftspflege, Bundesnaturschutzgesetz (BNatSchG)
Grundgesetz (GG)
Bundesimmissionsschutzgesetz (BImSchG)

Gliederung

1. Teil: Einführung

Diese Arbeit setzt sich mit dem Rechtsschutz im Umweltrecht auseinander. Dabei ist vorrangig zu definieren, um was es sich beim Umweltrecht und beim Rechtsschutz handelt.

Rechtsschutz ist der allgemein durch die Rechtsordnung gewährleistete Schutz der Rechtsgüter vor Verletzung und Gefährdung, wobei er durch besondere, von der Rechtsordnung bereitgestellte Verfahren geltend zu machen ist[1].

Umweltrecht wird von der herrschenden Lehre definiert als die Gesamtheit der Rechtsgrundlagen, die dem Schutz der Umwelt zu dienen bestimmt sind[2]. Eine andere Definition kommt zu einer komplexeren Beschreibung der Rechtsmaterie: Ziel des Umweltrechts ist die Erhaltung der natürlichen Ressourcen, dazu bedient sich dieser Rechtsbereich primär bestimmter Steuerungs- und Kontrollrechte des gesamten geltenden Rechts, aber auch ökonomische Anreize des Umweltschutzes werden rechtlich kodifiziert[3].

Durch diese Definitionen wird deutlich, wie komplex das Umweltrecht ist und dass es in viele Rechtsbereiche, wie beispielsweise das öffentliche Recht (Verwaltungsrecht), Verfassungsrecht (Art. 20a GG), das Strafrecht (Umweltstrafrecht) und auch das Zivilrecht (Haftungsregelungen und Nachbarschaftssachen) vordringt. Die Gesamtheit des Rechtsschutzes in all diesen Bereichen ist im Rahmen einer Seminararbeit nicht darstellbar, weshalb sich diese Arbeit vor allem mit dem öffentlichen Umweltrecht und insbesondere mit dem Rechtsschutz im Verwaltungsrecht befasst.

2. Teil: Rechtsschutz gegen Einzelentscheidungen

Der Rechtsschutz gegen Einzelentscheidungen bezieht sich auf Verwaltungsakte. Vielfach hat zunächst ein Vorverfahren stattzufinden, worauf jedoch im Rahmen der Behandlung der einzelnen Klagearten eingegangen wird.

---

[1] Tilch/Arloth, Deutsches Rechts-Lexikon, S. 3394.
[2] Kloepfer, Umweltrecht, § 1, Rn. 60.
[3] Wolf, Umweltrecht, Rn. 6.

A. Überblick über die Klageformen

Es kommen vier verwaltungsrechtliche Klagearten in Betracht. Der Rechtsschutz gegen Verwaltungsakte erfolgt durch die Anfechtungsklage und die Verpflichtungsklage. Im Rahmen der Feststellungsklage gemäß § 43 VwGO wird das Bestehen oder Nichtbestehen eines Rechtsverhältnisses festgestellt. Durch die allgemeine Leistungsklage können hoheitliche Leistungen in Form von Tun, Dulden oder Unterlassen gefordert werden.

I. Anfechtungsklage

Im Rahmen der Anfechtungsklage wird die Aufhebung eines belastenden, in die Rechts des einzelnen eingreifenden Verwaltungsakts begehrt[4]. Die Anfechtungsklage hat Aussicht auf Erfolg, wenn sie zulässig und begründet ist.

1. Zulässigkeitsvoraussetzungen[5]

Die Zulässigkeitsvoraussetzungen der Klage und die Durchführung des Verfahren vor dem Verwaltungsgericht sind in den §§ 40 ff. Verwaltungsgerichtsordnung (VwGO) geregelt.

a. Eröffnung des Verwaltungsrechtswegs

Der Verwaltungsrechtsweg müsste eröffnet sein. Dies ist gemäß § 40 VwGO der Fall, wenn es sich um eine öffentlich-rechtliche Streitigkeit nichtverfassungsrechtlicher Art handelt und die Streitigkeit nicht durch ein Bundesgesetz einem anderen Gericht zugewiesen ist. Es handelt sich um eine Streitigkeit von öffentlichem Recht, wenn das öffentliche Interesse gegeben ist, eine Innehabung von Herrschaftsgewalt vorliegt und der Bezug zum Staat besteht[6]. Nichtverfassungsrechtlicher Art bedeutet, dass es sich nicht um Verfassungsrecht, wie z.B. die Aufgaben des Bundespräsidenten oder Streitigkeiten zwischen Verfassungsorganen handelt.

b. Statthafte Klageart

Bei der statthaften Klageart kommt es auf das Begehren des Klägers an. Der Kläger muss gemäß § 42 I , 1.Alt. VwGO die Aufhebung eines Verwaltungsakts begehren. Hierbei ist also notwendige Voraussetzung, dass ein Verwaltungsakt gemäß § 35 VwVfG vorliegt.

---

[4] Storm, Umweltrecht, Rn. 349.
[5] vgl. Maurer, Allgemeines Verwaltungsrecht, § 10, Rn. 29a.
[6] Maurer, Allgemeines Verwaltungsrecht, § 3, Rn. 19.

c. Klagebefugnis

Gemäß § 42 II VwGO ist die Klage nur zulässig, wenn der Kläger geltend machen kann, dass er durch den Verwaltungsakt in seinen Rechten verletzt worden ist[7]. Die Klage muss also auf ein bestimmtes Recht gestützt sein. Die Klagebefugnis ist zu bejahen, wenn der Kläger unmittelbarer Adressat des Verwaltungsakts ist[8]. Problematisch ist die Klagebefugnis bei der Klage durch einen Dritten. Dabei ist zu fragen, ob der Dritte als Kläger ein Recht im Unterschied zum bloßen Interesse geltend machen kann, wobei dieses Recht als subjektives Recht dem Kläger zugeordnet werden kann und weiterhin muss die Möglichkeit bestehen, dass dieses Recht durch die Maßnahme verletzt wurde[9] (sog. Drittwirkung). Ein subjektives Recht liegt nach der herrschenden Schutznormtheorie dann vor, wenn eine zwingende Rechtsvorschrift und die sich daraus ergebende Rechtspflicht der Verwaltung nicht nur dem öffentlichen Interesse, sondern zumindest auch dem Interesse einzelner Bürger dient[10]. Es ist also zu prüfen, ob die Rechtsnorm die Verwaltung zu einem Verhalten verpflichtet und ob die Norm ein Individualinteresse des Bürgers beinhaltet. Ein Beispiel für die Klage durch einen Dritten ist die baurechtliche Nachbarklage oder eine Klage bezüglich des Immissionsschutzrechts.

d. Vorverfahren

Gemäß § 68 I Satz 1 VwGO ist vor der Erhebung der Anfechtungsklage ein Vorverfahren (Widerspruchsverfahren) durchzuführen, um die Rechtmäßigkeit und Zweckmäßigkeit des Verwaltungsakts zu überprüfen. Es muss erfolglos durchgeführt worden sein. Eines solchen Vorverfahrens bedarf es gemäß § 68 I Satz 2 VwGO nicht, wenn ein Gesetz dies bestimmt oder der Verwaltungsakt von einer obersten Landes- oder Bundesbehörde erlassen wurde (sofern nicht durch Gesetz die Nachprüfbarkeit angeordnet wird). Am 1. Januar 2005 ist in Niedersachsen eine Verwaltungsreform in Kraft getreten. Laut § 8 a Niedersächsisches Ausführungsgesetz zur Verwaltungsgerichtsordnung (Nds. AG VwGO) bedarf es für Verwaltungsakte, die nach zwischen dem 1. Januar 2005 und dem 31. Dezember 2009 bekannt gegeben worden sind, bei Erhebung einer Anfechtungsklage keines Vorverfahrens. Ausnahmen davon sind gemäß § 8a Abs.2 Nds. AG VwGO Verwaltungsakte, die

- eine Leistungsbewertung beinhalten,

---

[7] Hufen, Verwaltungsprozessrecht, § 14, Rn. 66.
[8] aaO, § 14, Rn. 73.
[9] aaO.
[10] Maurer, Allgemeines Verwaltungsrecht, § 8, Rn. 8.

- von Schulen erlassen worden sind,

- nach dem Baurecht,

- nach den Abfallgesetzen,

- nach den Bodenschutzgesetzen,

- nach Vorschriften über den Natur- und Landschaftsschutz,

- nach Wassergesetzen,

- nach dem Chemikalien- und Sprengstoffgesetz,

- nach dem Geräte- und Produktsicherheitsgesetz,

- nach dem Unterhaltsvorschussgesetz oder

- nach der Strahlenschutz- oder Röntgenverordnung

erlassen worden sind.

e. Beteiligten- und Prozessfähigkeit

Die Beteiligtenfähigkeit ist in § 61 VwGO geregelt. Danach sind:

1. natürliche und juristische Personen[11],

2. Vereinigungen, soweit ihnen ein Recht zustehen kann,

3. Behörden, sofern das Landesrecht dies bestimmt

fähig, an einem Verfahren beteiligt zu sein.

Die Prozessfähigkeit (§ 62 VwGO) richtet sich nach der Geschäftsfähigkeit des Bürgerlichen Gesetzbuches (BGB). Gemäß §§ 104 ff. BGB ist man mit Vollendung des 18.Lebensjahres voll geschäftsfähig, nach Vollendung des siebten Lebensjahres beschränkt geschäftsfähig. Geisteskranke sind nicht geschäftsfähig.

f. Form und Frist

Die Klage ist vor dem Verwaltungsgericht schriftlich einzureichen (§ 81 Abs. 1 VwGO). Sie muss den Kläger, den Beklagten, den Gegenstand des Klagebegehrens bezeichnen und soll einen bestimmten Antrag enthalten (§ 82 Abs. 1 VwGO). Die Klagefrist beträgt einen Monat nach Zustellung des Widerspruchsbescheides bzw. nach Bekanntgabe des Verwaltungsaktes (§ 74 Abs. 1 VwGO).

---

[11] z.B. Stiftungen, Anstalten, Körperschaften, GmbH, AG etc.

g. Klagegegner § 78 I

Laut § 78 Abs. 1 Nr.1 VwGO ist die Klage gegen den Bund, das Land oder die Körperschaft zu richten, deren Behörde den Verwaltungsakt erlassen hat, wobei zur Beklagtenbezeichnung der Name der Behörde genügt. Wenn das Landesrecht es bestimmt, kann die Klage auch direkt gegen die Behörde gerichtet werden (§ 79 Abs. 1 Nr. 2 VwGO).

h. Allgemeines Rechtssschutzbedürfnis

Es müsste weiterhin ein allgemeines Rechtsschutzbedürfnis bestehen. Das bedeutet, dass es keine leichtere Möglichkeit des Rechtsschutzes geben darf, es dürften weder Verwirkung noch Missbrauch stattgefunden haben und die Klage dürfte sich nicht lediglich gegen eine Verfahrenshandlung richten[12].

i. Sonstige Zulässigkeitsvoraussetzungen

Die Klage darf nicht anderweitig rechtshängig sein, d.h. es darf noch nicht bei einem anderen Gericht eine Klage eingereicht worden sein und zugelassen worden sein. Weiterhin darf es noch Entscheidung, also kein Urteil, in gleicher Sache geben.

2. Begründetheit der Anfechtungsklage

Die Anfechtungsklage ist gemäß § 113 Abs. 1 S.1 VwGO begründet, wenn der Verwaltungsakt rechtswidrig ist und der Kläger dadurch in seinen Rechten verletzt worden ist. Maßgeblicher Zeitpunkt für die Beurteilung der Sach- und Rechtslage ist bei der Anfechtungsklage grundsätzlich die letzte Behördenentscheidung bzw. bei einem Verwaltungsakt mit Dauerwirkung, wie z.B. ein Verkehrsschild, oder bei einem mit Drittwirkung die letzte mündliche Verhandlung[13].

a. Rechtswidrigkeit des Verwaltungsakts

Der Verwaltungsakt müsste rechtswidrig sein. Dieses wird durch die formelle und materielle Rechtmäßigkeit geprüft.

aa. formelle Rechtmäßigkeit

Die formelle Rechtsmäßigkeit bezieht sich auf das Zustandekommen des Verwaltungsakts. Dabei ist zu prüfen, ob der Verwaltungsakt von der zuständigen Behörde (örtlich und

---

[12] Hufen, Verwaltungsprozessrecht, § 15, Rn. 155.
[13] aaO, § 24, Rn. 19.

sachlich), unter Beachtung der vorgeschriebenen Verfahrensvorschriften und in der richtigen Form (z.B. schriftlich) erlassen worden ist[14]. Zur rechten Form des Verwaltungsakts gehört auch gemäß § 39 Abs. 1 Verwaltungsverfahrensgesetz (VwVfG), dass der schriftlich erlassene Verwaltungsakt begründet wird.

bb. materielle Rechtmäßigkeit

Bei der materiellen Rechtmäßigkeit steht der Inhalt des Verwaltungsakts im Vordergrund. Der Verwaltungsakt muss mit den Rechtsnormen, deren Vollzug er durchführt, vereinbar sein und auch mit anderen Rechtsgrundsätzen, einschließlich der Verfassung (Grundsatz des Vorrangs des Gesetzes)[15]. Ferner muss der Verwaltungsakt eine Ermächtigungsgrundlage haben, die wiederum auch rechtmäßig sein muss[16].

Falls die Behörde Ermessen (= Verwaltung kann bei der Verwirklichung eines gesetzlichen Tatbestandes zwischen mehreren Möglichkeiten wählen[17]) in Bezug auf den Verwaltungsakt hatte, muss überprüft werden, ob dieses Ermessen eingehalten wurde und dem Sinn der gesetzlichen Vorschrift entspricht[18]. Bei Vorliegen eines Ermessensfehlers ist der Verwaltungsakt rechtswidrig.

Ein weiterer wichtiger Prüfungspunkt bei der Begründetheit ist der Grundsatz der Verhältnismäßigkeit, der unbedingt eingehalten werden muss. Dabei wird eine dreistufige Prüfung durchgeführt. Die Maßnahme muss erstens geeignet sein, den erstrebten Erfolg zu erreichen (Geeignetheit). Zweitens darf kein milderes Mittel zur Verfügung stehen, um das Ziel zu erreichen (Notwendigkeit) und drittens muss die Maßnahme verhältnismäßig sein, das heißt, sie darf nicht außer Verhältnis zum angestrebten Erfolg stehen, was im Rahmen einer Zweck-Mittel-Relation überprüft wird[19].

Nach § 37 I VwVfG muss ein Verwaltungsakt hinreichend inhaltlich bestimmt sein (Grundsatz der Bestimmtheit). Es muss also ein eindeutiger Adressat zu erkennen sein und eine klare, zweifelsfreie Formulierung ist notwendig. Das Ziel des Verwaltungsakts muss rechtlich und tatsächlich realisierbar sein[20].

---

[14] Maurer, Allgemeines Verwaltungsrecht, § 10, Rn. 9.
[15] aaO, § 10, Rn. 14.
[16] aaO, § 10, Rn. 15.
[17] aaO, § 7, Rn. 7.
[18] aaO, § 10, Rn. 16.
[19] Maurer, Allgemeines Verwaltungsrecht, § 10, Rn. 17.
[20] Maurer, Allgemeines Verwaltungsrecht, § 10, Rn. 19.

b. Rechtsverletzung durch den Verwaltungsakt

Der Kläger müsste tatsächlich in seinen Rechten verletzt worden sein. Der objektiv rechtswidrige Verwaltungsakt muss den Kläger also tatsächlich in einem subjektiven Recht verletzen, was meist unproblematisch ist, sofern der Kläger Adressat des rechtswidrigen Verwaltungsakts ist[21]. Im Umweltrecht sind bei der Prüfung der Verletzung von Rechten Dritter besonders auf Erheblichkeitsschwellen abzustellen. Dabei kommt es auf situationsbedingte Kriterien an[22]. Zahlreiche umweltrechtliche Regelungen sprechen von erheblichen Nachteilen, Beeinträchtigungen oder Belästigungen, wie z.B. § 18 Abs. 1 Gesetz über Naturschutz und Landschaftspflege (BNatSchG)[23]. Erhebliche Nachteile oder Beeinträchtigungen sind dauerhaft, schwerwiegend und mit konkret wahrnehmbaren Folgen[24].

3. Beispiel für eine Anfechtungsklage[25]

A hat eine Genehmigung für eine genehmigungsbedürftige Anlage erhalten, was nach Ansicht seines Nachbarn N das Schutzgebot des § 5 Abs.1 Nr. 1 Bundesimmissionsschutzgesetz[26] (BImSchG) verstößt. Es werden also entgegen der Vorschrift schädliche Einwirkungen zugelassen. N kann nun auf Aufhebung des Genehmigungsbescheids mit der Anfechtungsklage klage, denn die Schutzpflichten aus diesem Gesetz sind auch für Nachbarn zu dienen bestimmt, es besteht also Drittschutz. Jedoch ist auch zu beachten, dass der Anspruch ausgeschlossen sein kann, wenn N im Genehmigungsverfahren keine Einwendungen erhoben hat (sog. Präklusion). Ferner müsste vor Erhebung der Klage ein Widerspruchsverfahren gemäß §§ 69 ff. VwGO durchgeführt worden sein.

II. Verpflichtungsklage

Die Verpflichtungsklage ist ähnlich aufgebaut wie die Anfechtungsklage. Sie hat Aussicht auf Erfolg, wenn sie zulässig und begründet ist. Ziel der Verpflichtungsklage ist die Verurteilung zum Erlass eines abgelehnten oder unterlassenen Verwaltungsakts[27]. Im weiteren wird auf die Unterschiede zur Anfechtungsklage im Prüfungsaufbau eingegangen.

---

[21] aaO, § 10, Rn. 29a.
[22] Wolf, Umweltrecht, Rn. 471.
[23] „Eingriffe in Natur und Landschaft im Sinne dieses Gesetzes sind Veränderungen der Gestalt oder Nutzung von Grundflächen oder Veränderungen des mit der belebten Bodenschicht in Verbindung stehenden Grundwasserspiegels, die die Leistungs- und Funktionsfähigkeit des Naturhaushalts oder das Landschaftsbild erheblich beeinträchtigen können."
[24] Wolf, Umweltrecht, Rn. 472.
[25] vgl. Storm, Umweltrecht, Rn. 421
[26] § 5 BImSchG: „ (1) Genehmigungsbedürftige Anlagen sind so zu errichten und zu betreiben, dass zur Gewährleistung eines hohen Schutzniveaus insgesamt
1. schädliche Umwelteinwirkungen (…) für die Allgemeinheit und Nachbarschaft nicht hervorgerufen werden können,
2. Vorsorge gegen schädliche Umwelteinwirkungen (…) getroffen wird (…)."
[27] Storm, Umweltrecht, Rn. 349.

1. Zulässigkeitsvoraussetzungen

Die Zulässigkeitsvoraussetzungen sind die gleichen wie bei der Anfechtungsklage. Bei der Statthaftigkeit der Klage muss der Kläger gemäß § 42 I VwGO den Erlass eines abgelehnten oder unterlassenen Verwaltungsakts begehren. Im Rahmen der Klagebefugnis wird geprüft, ob der Kläger durch die Unterlassung oder Ablehnung des Verwaltungsakts in seinen Rechten verletzt worden ist (§ 42 II VwGO). Für das Vorverfahren gilt das gleiche wie für das der Anfechtungsklage. Jedoch ist zu beachten, dass das Widerspruchsverfahren bei einer Unterlassung des Verwaltung (§ 68 II VwGO) oder bei einem Untätigwerden der Verwaltung entfällt. Im Falle der Untätigkeit kann nach Ablauf von drei Monaten Klage eingereicht werden (§ 75 VwGO).

2. Begründetheit der Verpflichtungsklage

Gemäß § 113 Abs. 5 VwGO ist die Verpflichtungsklage begründet, soweit die Ablehnung oder Unterlassung des Verwaltungsakts rechtswidrig ist und der Kläger dadurch in seinen Rechten verletzt wird.

a. Rechtswidrigkeit der Ablehnung oder Unterlassung des Verwaltungsakts

Der Kläger muss eine Anspruchsgrundlage für sein Begehren haben[28], rechtswidrig ist die Nichtvornahme des Verwaltungsakts, wenn der Kläger tatsächlich einen Anspruch auf das begehrte Handeln hat. Zunächst sind die Zuständigkeit, Form und das Verfahren zu prüfen, wobei Verfahrensfehler auch im Nachhinein noch geheilt werden können[29]. Ein Anspruch auf den Erlass des Verwaltungsakts kann sich aus dem Gesetz, aufgrund eines Gesetzes, aus einem Grundrecht, einer Zusicherung (§ 38 VwVfG[30]), und aus einem öffentlichrechtlichem Vertrag ergeben[31]. Es kann auch § 114 VwGO in Betracht kommen, wonach eine Nichtvornahme, die auf einem Ermessensfehler beruht, nachgeprüft werden kann und der Kläger einen Anspruch auf eine fehlerfreie Ermessensausübung hat, sofern die Sache spruchreif ist[32].

---

[28] Hufen, Verwaltungsprozessrecht, § 26, Rn. 3.
[29] aaO, § 26, Rn. 6.
[30] § 38 I 1 VwVfG: „Eine von der zuständigen Behörde erteilte Zusage, einen bestimmten Verwaltungsakt später zu erlassen oder zu unterlassen (Zusicherung), bedarf zu ihrer Wirksamkeit der schriftlichen Form.“
[31] Hufen, Verwaltungsprozessrecht, § 26, Rn. 7.
[32] aaO, § 26, Rn. 11.

b. Rechtsverletzung durch Ablehnung oder Untätigkeit

Die Ablehnung des Verwaltungsakts ist rechtswidrig, wenn sie gegen die anspruchsvermittelnde Norm verletzt und der Kläger dadurch in seinem Recht verletzt wird.

c. Spruchreife

Im Unterschied zur Anfechtungsklage muss bei der Verpflichtungsklage Spruchreife vorliegen. Der Begriff der Spruchreife bedeutet, dass alle tatsächlichen und rechtlichen Voraussetzungen für eine abschließende gerichtliche Entscheidung über die Klage gegeben sind[33]. Im Normalfall prüft das Gericht alle sachlichen und rechtlichen Voraussetzungen und stellt so die Spruchreife her. Eine Ausnahme davon sind Ermessensentscheidungen. Nach Feststellung von Rechtswidrigkeit und Rechtsverletzung hat die Behörde noch einen selbstständigen Entscheidungsspielraum, so dass das Gericht die Spruchreife nicht herstellen kann, weil eine volle Stattgabe der Klage seitens des Gerichts zu einem Verstoß gegen die Gewaltenteilung führen würde[34]. Auf eine Ermessensentscheidung bezogen, sieht es folgendermaßen aus: Bei Vorlage eines Ermessensfehlers ist die Ablehnung des Verwaltungsakts zwar rechtswidrig und verletzt den Kläger in seinen Rechten, aber die Verpflichtungsklage ist nicht begründet, soweit es noch rechtmäßige Alternativen für den Ermessensspielraum der Behörde gibt. In Fällen der fehlenden Spruchreife hat das Gericht gemäß § 113 Abs. 5 S. 2 VwGO die Verpflichtung auszusprechen, den Kläger unter Beachtung der Rechtsauffassung des Gerichts zu bescheiden. Das Bescheidungsurteil verpflichtet die Behörde, neu zu entscheiden und bindet die Behörde an die Rechtsauffassung des Gerichts[35].

3. Beispiel für eine Verpflichtungsklage[36]

B möchte eine genehmigungspflichtige Anlage bauen. Die Genehmigung wird ihm jedoch versagt und es wird ein Mehr an Auflagen für die Anlage, als in der Vorschrift bestimmt, verlangt. B kann nun im Wege der Verpflichtungsklage den Erlass des erstrebten Verwaltungsakts, der Genehmigung, verlangen. Die Ablehnung der Genehmigung war rechtswidrig und B in seinem Anspruchsrecht aus § 6 BImSchG[37] verletzt.

---

[33] aaO, § 26, Rn. 19.

[34] Hufen, Verwaltungsprozessrecht, § 26, Rn. 21.

[35] Hufen, Verwaltungsprozessrecht, § 26, Rn. 29.

[36] vgl. Peters, Umweltrecht, Rn. 247.

[37] § 6 BImSchG: „ (1) Die Genehmigung ist zu erteilen, wenn

1. sichergestellt ist, dass die sich aus § 5 und einer auf Grund des § 7 erlassenen Rechtsverordnung ergebenden Pflichten erfüllt werden, und

III. Vorläufiger Rechtsschutz

Der vorläufige Rechtsschutz bezieht sich auf die Beurteilung des Verwaltungsakts zwischen Anfechtung und endgültiger Aufhebung. Fraglich ist dabei, wie der Verwaltungsakt in der Zwischenzeit behandelt wird[38]. Gemäß § 80 Abs. 1 S.1 VwGO haben Widerspruch und Anfechtungsklage aufschiebende Wirkung. Ein Beispiel dafür ist die Genehmigung einer Anlage und eine Klage dagegen, wobei der Bau der Anlage erst begonnen werden darf, nachdem alle Rechtsmittel rechtskräftig erledigt sind[39]. Die aufschiebende Wirkung kann entsprechend § 80 Abs. 2 VwGO entfallen, wenn die sofortige Vollziehung der Maßnahme im öffentlichen Interesse oder im überwiegenden Interesse eines Beteiligten von der Behörde besonders angeordnet wird. Andere Ausnahmen nach § 80 Abs. 2 VwGO sind die Anforderung öffentlichen Abgaben und Kosten, Polizeivollzugsmaßnahmen und Maßnahmen, die die Schaffung von Arbeitsplätzen betreffen. Gegen diese Maßnahme der Wirksamkeit der Verwaltungsakts kann der Betroffene einen Antrag auf Wiederherstellung der aufschiebenden Wirkung gemäß § 80a Abs. 3 S. 2 VwGO in Verbindung mit § 80 Abs. 5 VwGO stellen. Bei der Entscheidung über den Antrag prüft das Gericht die Erfolgsaussichten der Klage nur insoweit, als dass die Klage nicht offensichtlich unzulässig oder unbegründet sein darf. Im weiteren wägt das Gericht zwischen dem Interesse des Klägers am vorläufigen Rechtsschutz und dem Interesse des Adressaten des Verwaltungsakts am beispielsweise sofortigen Baubeginn und eventuell betroffene öffentliche Interessen ab. Es wird also geprüft, wie schlimm es für den Genehmigungsinhaber wäre, wenn er noch nicht baut, obwohl er den Prozess wahrscheinlich gewinnen wird und weiterhin wird geprüft, wie es für den antragstellenden Dritten wäre, wenn gebaut würde und er gewinnt[40].

3. Teil: Verbandsklage

Unter der Verbandsklage im Umweltrecht versteht man die Befugnis von Umweltschutzorganisationen, gegen Verwaltungsakts (Erlass oder Unterlassung) oder sonstige behördliche Maßnahmen, die zu Umweltbeeinträchtigungen führen können, Rechtsbehelfe nach der Verwaltungsgerichtsordnung einzulegen[41]. Dabei ist zu unterscheiden zwischen egoistischer und altruistischer Verbandsklage. Die egoistische Verbandsklage ist ein

---

2. andere öffentlich-rechtliche Vorschriften und Belange des Arbeitsschutzes der Errichtung und dem Betrieb der Anlage nicht entgegenstehen (…)."

[38] Maurer, Allgemeines Verwaltungsrecht, § 10, Rn. 30a.

[39] Schulte, Umweltrecht, S. 96.

[40] Schulte, Umweltrecht, S. 97.

[41] Kloepfer, Umweltrecht, § 8, Rn. 33.

Rechtsbehelf, bei dem der Verband die Individualinteressen seiner Mitglieder in eigenem Namen vor Gericht geltend macht, wobei sie weder auf Landes- noch auf Bundesebene vorgesehen ist und von der Rechtsprechung weitgehend abgelehnt wird[42]. Sie spielt also nur eine untergeordnete Rolle. Eine wichtigere Rolle spielt die altruistische Verbandsklage. Diese Art der Verbandsklage befugt Umweltverbände, aus allen denkbaren Gründen die Verletzung öffentlich-rechtlicher Vorschriften zu rügen, die allein öffentlichen Interessen, nicht aber Individualinteressen dienen[43]. Die Verbandsklage dient der Rechtmäßigkeitskontrolle im Umweltrecht und wurde Naturschutzrecht eingeführt, wo individuelle Klagemöglichkeiten aufgrund des hauptsächlichen Schutzes öffentlicher Interessen und der somit nicht verletzten subjektiven Rechte fehlen[44]. Am 4. April 2002 ist das Gesetz zur Neuregelung des Rechts des Naturschutzes und der Landschaftspflege und zur Anpassung anderer Rechtsvorschriften (BNatSchG-NeuregG[45]) in Kraft getreten. Dieses Gesetz hat die in den §§ 58-61 Bundesnaturschutzgesetz (BNatSchG) geregelten Mitwirkungsrechte von anerkannten Naturschutzverbänden neu gestaltet und auf Bundesebene die altruistische Verbandsklage im Naturschutzrecht eingeführt. Dies stellt allerdings keine absolute Novellierung des Gesetzes dar, weil eine solche Regelung bereits in 13 Bundesländern bestand[46]. Die Problematik der Verbandsklage liegt in der Klagebefugnis, da der Verband unter bestimmten Voraussetzungen hoheitliche Verletzungen von Normen des öffentlichen Rechts durch Klage rügen kann, ohne dass die Normen eine Drittbetroffenheit beinhalten[47]. Somit hat die Verbandsklage eine Beanstandungsfunktion. Wichtige Voraussetzung der Verbandsklage nach allen landesrechtlichen Bestimmungen ist, dass der Naturschutzverband anerkannt[48] ist. Maßnahmen, die von einer Bundesbehörde aufgrund bundesrechtlicher Vorschriften getroffen

---

[42] Kloepfer, Umweltrecht, § 8, Rn. 34.
[43] Schmidt/Müller, Umweltrecht, § 6, Rn. 55.
[44] Kloepfer, Umweltrecht, § 8, Rn. 37.
[45] Bundesgesetzblatt I 2002, S. 1193.
[46] Kloepfer, Umweltrecht, § 8, Rn. 38.
[47] Schulte, Umweltrecht, S. 238.
[48] § 58 BNatSchG: „Anerkennung durch das Bundesministerium für Umwelt, Naturschutz und Reaktorsicherheit
(1) Die Anerkennung wird auf Antrag erteilt. Sie ist zu erteilen, wenn der Verein
1. nach seiner Satzung ideell und nicht nur vorübergehend vorwiegend die Ziele des Naturschutzes und der Landschaftspflege fördert,
2. einen Tätigkeitsbereich hat, der über das Gebiet eines Landes hinausgeht,
3. im Zeitpunkt der Anerkennung mindestens drei Jahre besteht und in diesem Zeitraum im Sinne der Nr. 1 tätig gewesen ist,
4. die Gewähr für eine sachgerechte Aufgabenerfüllung bietet; dabei sind Art und Umfang seiner bisherigen Tätigkeit, der Mitgliederkreis sowie die Leistungsfähigkeit des Vereins zu berücksichtigen,
5. wegen Verfolgung gemeinnütziger Zwecke nach § 5 Abs. 1 Nr. 9 des Körperschaftssteuergesetzes von der Körperschaftssteuer befreit ist und
6. den Eintritt als Mitglied, das in der Mitgliederversammlung volles Stimmrecht hat, jedermann ermöglicht, der die Ziele des Vereins unterstützt. (…)
In der Anerkennung ist der satzungsgemäße Aufgabenbereich, für den die Anerkennung gilt, zu bezeichnen.
(2) Die Anerkennung wird durch das Bundesministerium für Umwelt, Naturschutz und Reaktorsicherheit ausgesprochen.“

werden, sollen nach der Auffassung des Bundesverwaltungsgerichts nicht durch die Verbandsklage angreifbar sein (keine Klagebefugnis)[49].

4. Teil: abschließende Bemerkungen

Der Rechtsschutz im Umweltrecht, wie hier dargestellt im Umweltverwaltungsrecht, ist relativ umfassend, jedoch auf den Individual- oder Drittbetroffenheitsrechtsschutz begrenzt. Eine wichtige Erweiterung des Rechtsschutzes stellt die Einführung der Verbandsklage im Naturschutzrecht auf Bundesebene dar, wobei deren Bedeutung nicht so gravierend ist, da sie auf Länderebene größtenteils schon vorher existierte. Mit der Einführung der Verbandsklage im Naturschutzrecht gehen Forderungen einher, diese auf das gesamte Umweltrecht zu erweitern. Dabei ist jedoch problematisch und kontrovers, wie die Anerkennung der Verbände zu regeln ist und ob diese in staatlicher Hand verbleiben solle. Die Gefahr der Benachteiligung kleinerer Verbände ist groß und unter dem Grundrecht der Vereinigungsfreiheit gemäß Art. 9 Abs.1 Grundgesetz (GG) verfassungsrechtlich bedenklich. Die Verbandsklage kann sich also in Zukunft noch interessant entwickeln. Ferner ist interessant zu beobachten, wie sich die Verwaltungsreform im Land Niedersachsen entwickeln wird und ob diese auch nach dem 31. Dezember 2009 fortgeführt wird.

5. Teil: Summary

The coursework deals with legal protection in environmental law. The text is focussed on lawsuits concerning administrative acts. When an administrative act is issued and you are not satisfied with it, you can contradict to it. When the contradiction is not successful and the authorities do not agree with you, you can sue them. The court which is responsible for this is the administrative court. In order to be successful the suit has to be authorized and justified. For the authorization the plaintiff has to prove that he is violated in his rights. Therefore, the administrative act has to be adressed to him or sometimes his neighbours can be included as well. The appeal is justified when the administrative act is unlawful and for this reason the plaintiff is violated in his rights.

If someone wants the authorities to issue an administrative act which they refused to or refrained from, the person can go to court. The conditions are compareable to those of the appeal.

---

[49] BVerwG NVwZ 1993, 891.

The difference is that there is no contradiction procedure due to fact that there has not been an administrative act. Moreover, the plaintiff must prove that the rejection of the act is illegal and that is why he is violated in his rights. Before the court can make a judgement, all facts and legal points have to be examined. The judges cannot judge if the authorities still have the possibility to change their decision and therefore change the whole legal situation. If the authorities do not have anything to change, the court can issue the desired act.

It is questionable whether the act is still valid when you contradict to it or sue the authorities. Usually, the administrative act is not valid until a final decision is made. An exception is when there is a special public interest or the majority of the concerned people want the act to be executed immediately.

In 2002, another remedy was introduced. Now, nature conservation associations can go to court although they are not violated in their rights through measures by the authorities. The authorities´ action must affect the nature and therefore the associations can sue the authorities. This measure is restricted to the nature conservation law. A special condition for the authorization of the lawsuit is that the association is recognized by the ministry for rural affairs, nutrition, agriculture and consumer protection.